Jan Hoppe

Stromwaage - Protokoll zum Versuch

GRIN Verlag

Bibliografische Information der Deutschen Nationalbibliothek:

Die Deutsche Bibliothek verzeichnet diese Publikation in der Deutschen National-
bibliografie; detaillierte bibliografische Daten sind im Internet über http://dnb.d-
nb.de/ abrufbar.

Impressum:

Copyright © 2008 GRIN Verlag GmbH
Druck und Bindung: Books on Demand GmbH, Norderstedt Germany
ISBN: 978-3-640-97832-8

GRIN - Your knowledge has value

Der GRIN Verlag publiziert seit 1998 wissenschaftliche Arbeiten von Studenten, Hochschullehrern und anderen Akademikern als eBook und gedrucktes Buch. Die Verlagswebsite www.grin.com ist die ideale Plattform zur Veröffentlichung von Hausarbeiten, Abschlussarbeiten, wissenschaftlichen Aufsätzen, Dissertationen und Fachbüchern.

Besuchen Sie uns im Internet:

http://www.grin.com/

http://www.facebook.com/grincom

http://www.twitter.com/grin_com

Protokoll zum Versuch: Stromwaage (16.05.08)

1. Ziel

Die Kraft auf einen stromdurchflossenen Leiter in einem Magnetfeld soll untersucht werden.

2. Theoretische Grundlagen

Auf jede Ladung, die sich in einem Magnetfeld $\vec{B}$ mit der Geschwindigkeit $\vec{v}$ bewegt, wirkt die Lorentzkraft: $\vec{F} = q\vec{v} \times \vec{B}$.

Strom wird durch die Bewegung von vielen Ladungen in einem Leiter verursacht. Dabei gilt für den Betrag der Stromstärke $I = ne_0Av$. Bei dieser Gleichung steht n für die Anzahl der Ladungen, e_0 die Elementarladung und A die Querschnittsfläche des Leiters.

Auf jedes der Elektronen wirkt die Lorentzkraft, so dass man bei einem Leiter der Länge l die Kraft $\vec{F} = I\vec{l} \times \vec{B}$ feststellen (sofern sich die Elektronen in Richtung des Leiters l bewegen).

Wenn man nur die Beträge der Kräfte und des Magnetfeldes betrachtet, so lässt sich vereinfacht schreiben: $F = IlB\cos(\theta)$, wobei θ für den Winkel zwischen Magnetfeld und Leiterschleife steht.

3. Fehlerrechnung

Bei diesem Versuch wurden zwei Strommessgeräte verwendet, von denen jedes einen Fehler von 0,5% des angezeigten Wertes hatte.

Das Messgerät für den magnetischen Fluss hatte einen Fehler von 1,5% des Skalenendwerts.

Für einige Messgrößen mussten Fehler angenommen werden. So wurde für die Gewichte ein Fehler von ±0,0002Kg festgelegt.

Für die gemessenen Winkel wurde ein Fehler von 1° angenommen.

Andere Fehler, z.B. für die Kraft, wurden nach der Fehlerfortpflanzung nach Gauß berechnet:

$$\Delta G = \sqrt{(\frac{\partial G}{\partial X_1}\Delta X_1)^2 + (\frac{\partial G}{\partial X_2}\Delta X_2)^2}.$$

Da die Lorentzkraft über den Umweg der Gewichtskraft berechnet werden musste, ergab sich über die Fehlerfortpflanzung ein Fehler von ±0,00028N.

4. Versuchsaufbau

Der Versuchsaufbau bestand aus einer drehbaren Platte, mit der man den Winkel zwischen Leiterschleife und Magnetfeld einstellen kann, auf der zwei Feldspulen nebeneinander befestigt sind. Beide werden über ein Netzgerät gespeist. Zwischen beide kann eine Leiterschleife über eine Waage eingeführt werden.

Auf diese Weise lässt sich die Kraft errechnen $F = (Gewicht - "Leergewicht")9,81\frac{m}{s^2}$.

5. Zusammenhang zwischen B und Spulenstrom

Bei diesem Versuch wurde eine Tangentialfeldsonde in den Spalt zwischen den Spulen geführt. Dann wurde der Strom durch die Spulen schrittweise erhöht.

Es ergab sich folgender Zusammenhang:

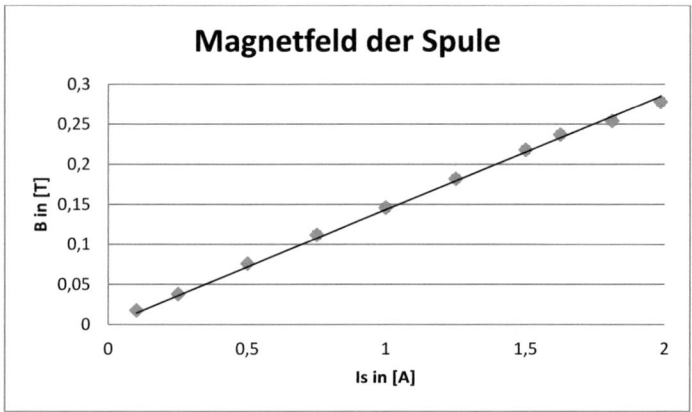

Es ergibt sich für diese Spulen ein Verhältnis von $\frac{B}{I_S} = 0,143 \pm 0,003\frac{\Omega s}{m^2}$. Der Fehler ist von Excel berechnet worden.

6. Lorentzkraft bei variablem Leiterschleifenstrom

Zunächst wurde die eine Leiterschleife der Länge 12,5mm an die Stromwaage in den Spalt zwischen den Spulen gehängt. Immer wurde zuerst das „Leergewicht" bestimmt (Gewicht ohne Spulen- und Leiterschleifenströme). Danach wurde die Leiterschleife von einem Strom von 0,5A durchflossen und das Gewicht gemessen. Die Differenz zu dem Leergewicht betrug nur 0,1g, woraus wir geschlossen haben, da unser angenommener Fehler doppelt so groß ist, dass der Strom keine Kraftänderung bewirkt hat.

Nun sollt für vier verschiedene Leiterschleifen der Zusammenhang zwischen Leiterschleifenstrom und magnetischen Fluss festgehalten werden. Der Spulenstrom betrug dabei immer 1,5A.

Die erste Leiterschleife hatte eine Länge von 12,5mm. (Alle Trendlinien verlaufen durch den null-Punkt.)

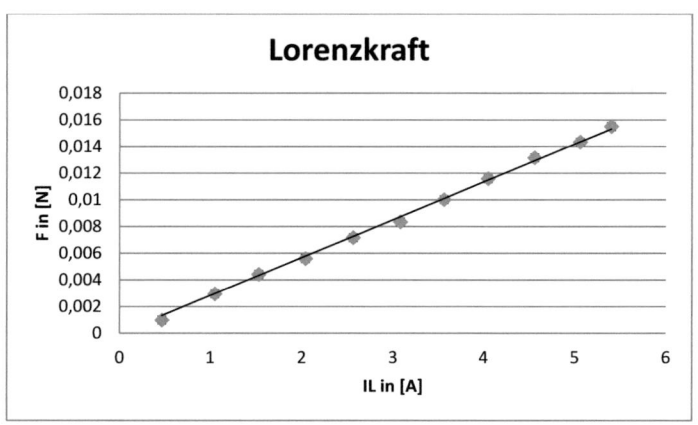

Die Steigung der Trendlinie beträgt $m = 0,0029 \pm 0,0002$.

Um dieses Ergebnis mit dem Lorentzkraftgesetz vergleichen zu können muss dieses auf die Form $\frac{F}{I_L} = lB = lI_S \cdot 0,143 \frac{\Omega s}{m^2}$ gebracht werden. Auf diese Weise ergibt sich ein Verhältnis von $0,0027 \frac{N}{A}$, das sehr gut zu dem oben gemessenen Wert passt (auch schon ohne Fehler).

Die nächste Länge der Leiterschleife ist 25mm

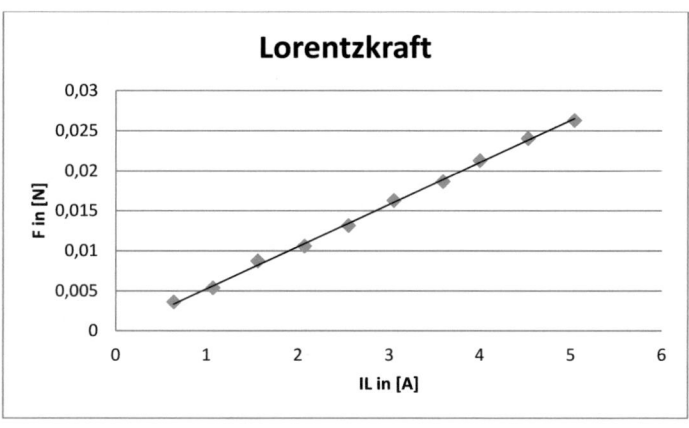

Die Steigung der Trendlinie beträgt $m = 0,0052 \pm 0,0003$.

Das Verhältnis, der Formel nach müsste hier $\frac{F}{I_L} = 0,0054 \frac{N}{A}$ betragen, womit das Lorentzkraftgesetz wieder bestätigt wäre.

Für die Länge von 50mm ergab sich:

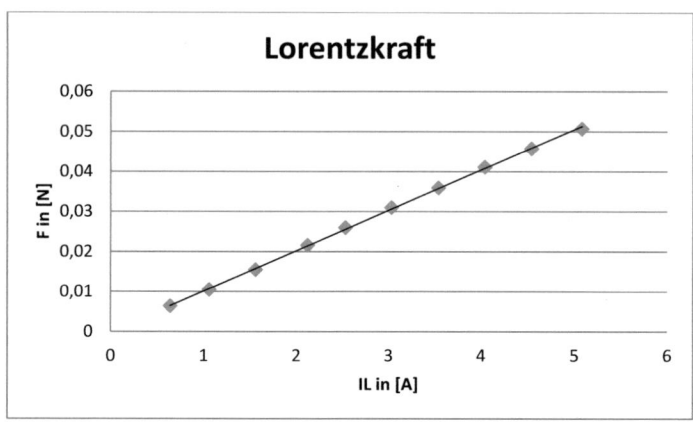

Die Steigung der Trendlinie beträgt $m = 0{,}0101 \pm 0{,}0003$.

Hier ist nun ein Unterschied festzustellen: Nach dem Lorentzkraftgesetz müsste $\frac{F}{I_L} = 0{,}0107 \pm 0{,}0002 \frac{N}{A}$ ergeben. Trotz der Toleranzen stimmen die Werte nicht überein.

Die letzte Leiterschleife war 100mm lang:

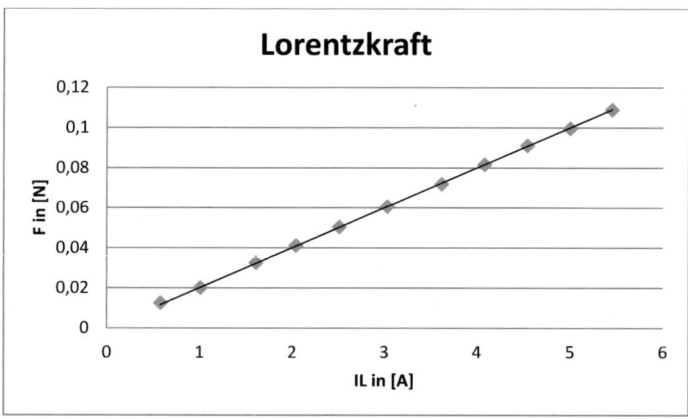

Die Steigung der Trendlinie beträgt $m = 0{,}0199 \pm 0{,}0003$.

Hier ist die Diskrepanz sogar noch größer: Das Verhältnis müsste eigentlich $\frac{F}{I_L} = 0{,}0214 \pm 0{,}0005 \frac{N}{A}$ ergeben.

Bei allen Messungen ist deutlich zu sehen, dass die Kraft linear mit dem Strom steigt.

7. Lorentzkraft bei variablem magnetischen Fluss

Diesmal wurde der Leiterschleifenstrom konstant auf 5,05A gehalten und der Spulenstrom variiert. Durch diesen ändert sich der magnetische Fluss $B = I_S \frac{B}{I_S} = I_S(0{,}143 \pm 0{,}003)\frac{\Omega s}{m^2}$ (Siehe Punkt 5).

Für die Leiterlänge von 0,1m ergab sich der Zusammenhang:

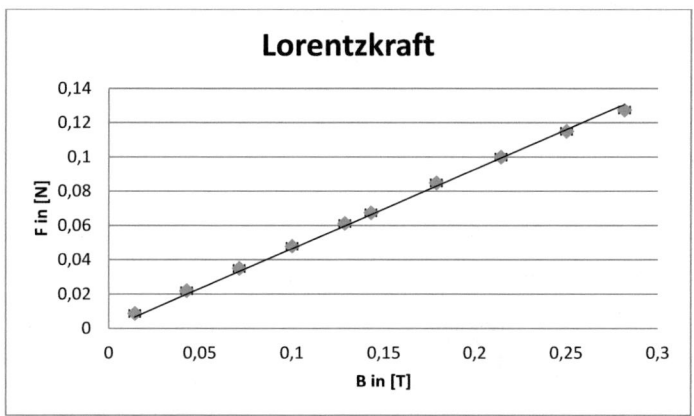

Die Steigung der Trendlinie beträgt $m = 0{,}542 \pm 0{,}001$.

In diesem Fall muss das Lorentzgesetz so umgeformt werden: $\frac{F}{B} = lI_L$. Auf diese Weise ergibt sich $\frac{F}{B} = 0{,}505 \pm 0{,}003 \frac{N}{T}$. Das Messergebnis liegt also deutlich über dem erwarteten Wert.

Die lineare Abhängigkeit zwischen Kraft und magnetischen Fluss ist dennoch deutlich zu erkennen.

8. Lorentzkraft mit negativen Strömen

Bei diesem Versuch wurden nacheinander die an den Spulen und an der Leiterschleife anliegenden Spannungen umgepolt.

1. Zunächst wurden die Buchsen für den Spulenstrom umgepolt. Der Leiterschleifenstrom beträgt 5,07A und die Leiterschleifenlänge 0,1m:

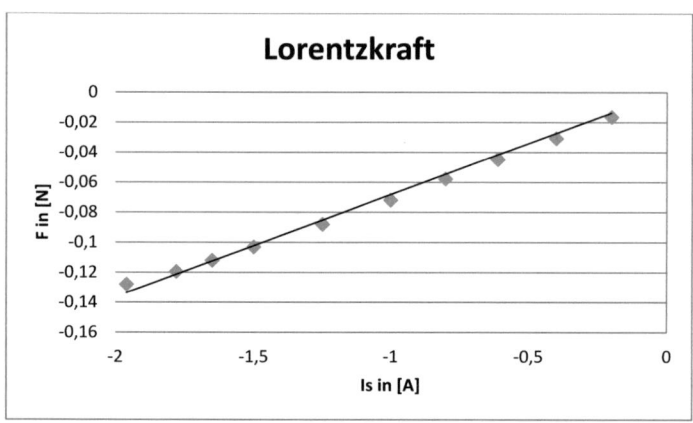

Die Steigung der Trendlinie beträgt $m = 0,0654 \pm 0,0024$.

In diesem Fall muss das Lorentzkraftgesetz nach dem Verhältnis zwischen Kraft und Spulenstrom umgestellt werden: $\frac{F}{I_S} = lI_L \cdot 0,143 \frac{\Omega s}{m^2}$. Auf diese Weise ergibt sich $\frac{F}{I_S} = 0,0725 \pm 0,015 \frac{N}{A}$. Damit weichen Erwartung und Messung deutlich von einander ab.

2. Diesmal wurde die Leiterschleife von einem negativen Strom durchflossen. Die Spulenstrom betrug dabei konstant 1,5A. Die Leiterschleifenläge wieder 0,1m:

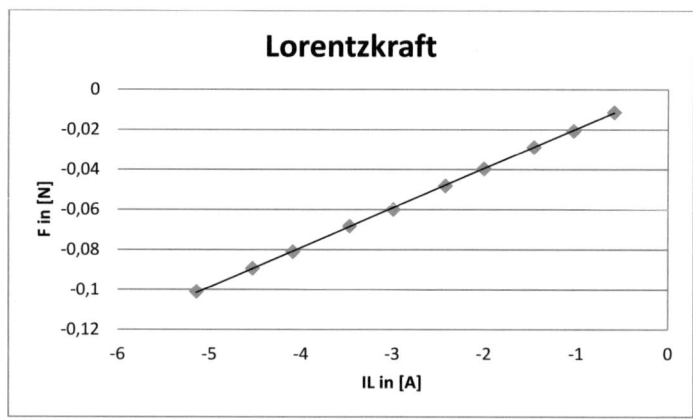

Die Steigung der Trendlinie beträgt $m = 0,0197 \pm 0,0004$.

Hier beträgt die Erwartung $\frac{F}{I_L} = 0,0214 \pm 0,0005 \frac{N}{A}$.

Diese Werte entsprechen den Messergebnissen in Punkt 6 für die entsprechende Leiterschleife. Auch die Abweichung von dem erwarteten Werten ist in beiden Fällen sehr ähnlich. Daher können wir schließen, dass die Abweichungen auf systematische Fehler (Trägheit der Waage bei höheren Gewichten etc.) zurückzuführen sind.

Aber aus beiden Messreihen lässt sich die lineare Abhängigkeit der Kraft von den Strömen zu erkennen. Auch ist hiermit gezeigt, dass das Lorentzkraftgesetz sowohl für positive als auch für negative Ströme gilt. Auch ist hiermit gezeigt, dass das Lorentzkraftgesetz sowohl für positive als auch für negative Ströme gilt.

9. Winkelabhängigkeit der Lorentzkraft

Nun wurde der Spalt zwischen den Spulen vergrößert und die Winkelabhängigkeit der Lorentzkraft vermessen.

1. Zunächst muss jedoch der magnetische Fluss neu ermittelt werden, da durch den vergrößerten Spalt dieser abgeschwächt wird. Die Messung verlief analog zu Punkt 5.

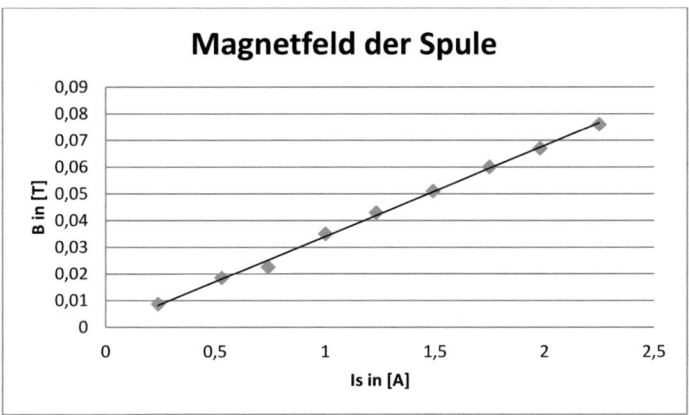

Auf diese Weise ergibt sich ein Verhältnis von $\frac{B}{I_S} = 0,034 \pm 0,001 \frac{\Omega s}{m^2}$.

2. Nun wurde der Winkel zwischen Leiterschleife ($l = 0,1$m) und dem magnetischen Fluss verändert. Dabei wurde die Kraft aufgenommen. Leiterschleifenstrom (5,05A) und Spulenstrom (1,5A) wurden konstant gehalten.

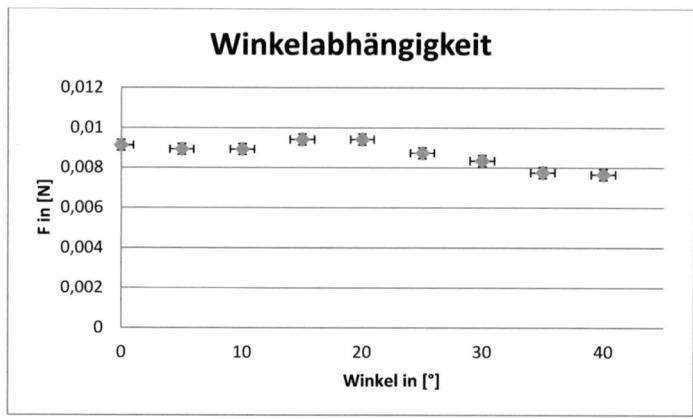

Leider ist aus dieser Kennlinie so gut wie gar nichts herauszulesen. Eigentlich würde man erwarten, dass sich ein Cosinus-förmiger Verlauf (wegen $F = IlB \cos(\theta)$) einstellen würde. Aber in diesem Fall gibt es nur einige Maxima und Minima an Stellen wo man sie nicht erwarten würde. Daher ist diese Messung aus uns unerklärlichen Gründen unbrauchbar.

10. Leiterlängenabhängikeit der Lorentzkraft

In diesem Fall wurde keine gesonderte Messung durchgeführt, sondern aus den bisher aufgenommenen Messreihen passende Werte herausgesucht. Dazu wurden die Kräfte, die bei 4A Leiterschleifenstrom und 1,5A Spulenstrom auftraten, als Funktion der Leiterschleifenlänge aufgetragen.

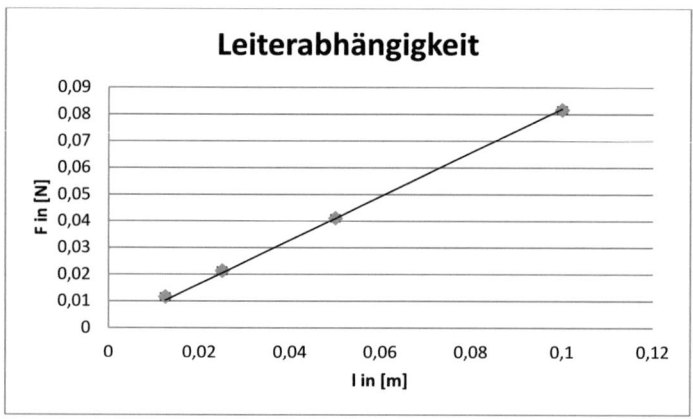

Der lineare Zusammenhang ist deutlich zuerkennen. Die Steigung beträgt $m = 0,809 \pm 0,001$.

Erwarten würden wir einen Wert von $\frac{F}{l} = I_L I_S \cdot (0,143 \pm 0,003)\frac{\Omega s}{m^2} = 0,858 \pm 0,018\frac{N}{m}$. Auch hier weichen die Ergebnisse von einander ab.

11. Fazit

Insgesamt konnten folgende Proportionalitäten festgestellt werden:

$I_S \sim B$ (Punkt 5 & 9)

$I_L \sim F$ (Punkt 6 & 8)

$B \sim F$ (Punkt 7)

$l \sim F$ (Punkt 10)

Somit wäre die Abhängigkeit $F \sim I_L lB$ verifiziert. Leider ergab die Messung für die Winkelabhängigkeit keine brauchbaren Ergebnisse, die jedoch für das Gesetz $\vec{F} = I\vec{l} \times \vec{B}$ von Bedeutung wären.

Die einzelnen Messungen wiesen teilweise größere Abweichungen von den erwarteten Werten auf. Zumeist lagen sie in der gleichen Größenordnung, so dass systematische Fehler, wie äußere Einflüsse (durch andere Versuche im gleichen Raum), durch falsches Ablesen usw. zur Erklärung dieser Diskrepanzen herangezogen werden können.

Verwendete Literatur:

Giancoli, D. C. (2006) *Physik*, München: Pearson Studium
Werner, U. (2007) *Skript zum Anfängerpraktikum*, Uni Bielefeld